齐会会　编著

香蕉 病虫害防治实用技术

U0320930

中国农业科学技术出版社

图书在版编目（CIP）数据

香蕉病虫害防治实用技术 / 齐会会编著 . — 北京：
中国农业科学技术出版社，2019.11（2024.9 重印）
ISBN 978-7-5116-4501-2

Ⅰ . ①香… Ⅱ . ①齐… Ⅲ . ①香蕉－病虫害防治
Ⅳ . ① S436.68

中国版本图书馆 CIP 数据核字（2019）第 255967 号

责任编辑　姚　欢
责任校对　贾海霞

出 版 者　中国农业科学技术出版社
　　　　　北京市中关村南大街 12 号　邮编：100081
电　　话　（010）82109705（编辑室）（010）82109702（发行部）
　　　　　（010）82109709（读者服务部）
传　　真　（010）82106625
网　　址　http://www.castp.cn
经 销 者　各地新华书店
印 刷 者　北京捷迅佳彩印刷有限公司
开　　本　850mm×1 168mm　1 /32
印　　张　2.25
字　　数　60 千字
版　　次　2019 年 11 月第 1 版　2024 年 9 月第 5 次印刷
定　　价　25.00 元

《香蕉病虫害防治实用技术》

编委会

主编著：齐会会

副主编著：朱卫锋 张 洪 舒 琼 刘 永

前　言

　　香蕉是国内外市场上经济效益显著的水果之一，也是重要的主流贸易水果，位居全球四大水果之列。自2009年以来，我国香蕉产业发展迅速，据联合国粮食及农业组织（FAO）统计，2017年我国香蕉产量位居世界第二，种植面积位居世界第六，香蕉已发展为我国华南诸省农业结构调整中实现增收的主要高效益经济作物之一。

　　病虫害是影响香蕉产业健康发展的重要问题，随着香蕉产业的快速发展，香蕉大面积连片种植和多年连作，导致香蕉病虫害防控难度加大、防治成本上升。香蕉种植户在用药过程中也可能存在不规范操作，导致病虫害抗药性上升。为了让香蕉种植户更好地科学防控病虫害，保障香蕉生产安全，特编写此书，旨在为香蕉种植户提供科学的防治病虫害技术。

　　本书详细描述了香蕉常发病虫害的为害症状及发生特点，并介绍了多种防治措施，包括农业防治、物理防治、生物防治和化学防治等，特别是对于化学防治介绍了用药时期、用药种类、用药量及注意事项，本书的编写得到具有十几年一线工作经验的农业技术人员的指导，内容专业且实操性强。

　　本书在编写过程中得到了曹明章、蒋启银、朱明选等老师的宝贵建议，书中部分照片由广西农业科学院付岗老师提供。在此一并向他们表示感谢。

　　由于编著者水平有限，书中难免有错漏之处，敬请读者朋友批评指正！

目　录

第一章
香蕉病害识别与防治

一、香蕉真菌病害

1.香蕉黑条叶斑病

香蕉黑条叶斑病又称黑条叶枯病、黑色芭蕉瘟、黑死病、黑斑病，具有很强的侵袭力和破坏性，防治起来较困难。

[为害症状]

发病初期，在完全展开的第三片或第四片嫩叶的叶脉间出现点状或短线状褪绿斑点，后扩展成大小为（10~15）毫米×（2~5）毫米的锈褐色条斑，条斑两端截短、两侧常受叶脉限制（图1）。随着病情进一步发展，病斑扩大，呈纺锤形或长椭圆形，形成具有特征性的黑色条纹。后期病部干枯，呈浅灰色，病健交界处有明显的深褐色或黑色界线，周围组织变黄色（图2）。严重受害时，叶片上多个病斑可连成一片，叶片变黑褐色并迅速枯死。田间湿度大时，病叶背面常长出灰色霉状物，即病原菌的子实体。

[发生特点]

病原菌以菌丝体、分生孢子和子囊孢子在田间病株或病残叶上越冬。翌年春季，越冬后的分子孢子和菌丝上新长出的分子孢子，借雨水或露水传播，子囊孢子借气流传播，经叶片气

图 1　黑条叶斑病前期症状　　图 2　黑条叶斑病后期症状

孔侵入，引起病害，并可通过基因漂移形成跨洲际范围流行。该病菌侵染刚展开的嫩叶，潜育期为 1~2 个月，较老的叶片不易受到侵染。

高温高湿利于该病流行，偏施氮肥、少施钾肥、过度密植、排水不良、杂草丛生的蕉园发病较重。

[防治方法]

1）加强栽培管理：做好排灌，合理密植，清除园内杂草，挖除多余吸芽，保证通风透气；合理施肥，增施有机肥和钾肥，避免偏施氮肥，使植株生长健壮，提高抗病力。

2）减少病源：冬春季彻底割掉蕉园植株上的重病叶和枯死叶，清除地面的病残叶，集中处理；生长期及时割掉下部严重病叶和枯死叶并集中处理。

3）化学防治：预防为主，在香蕉营养生长前期可喷施保护性杀菌剂，如代森锰锌、百菌清等；发病初期可用氟环唑、丙环唑、苯醚甲环唑等内吸治疗剂与保护性杀菌剂混配，间隔 15~20 天轮换喷雾一次；抽蕾期可用吡唑醚菌酯、啶氧菌酯、苯醚甲环唑、腈苯唑、甲基硫菌灵等对蕉果安全的药剂进行叶面喷雾防治。黑条叶斑病为害叶片造成的伤口很容易导致发生细菌侵染，施药时最好加入细菌性药剂（表1）。

表1 防治香蕉黑条叶斑病的常用药剂

药剂名称	作用机制	生物活性	用量（示例）
代森锰锌	抑制丙酮酸的氧化	保护性杀菌剂	500~600倍液（80%可湿性粉剂）
百菌清	破坏三磷酸甘油醛脱氢酶的活性	保护性杀菌剂	800~1000倍液（40%悬浮剂）
甲基硫菌灵	破坏纺锤体的形成	内吸性杀菌剂	1000~1200倍液（70%可湿性粉剂）
丙环唑	麦角甾醇生物合成抑制剂	内吸性杀菌剂	1000~1200倍液（25%乳油）
氟环唑	麦角甾醇生物合成抑制剂	内吸性杀菌剂	1500~2000倍液（12.5%乳油）
苯醚甲环唑	麦角甾醇生物合成抑制剂	内吸性杀菌剂	1500~2000倍液（37%水分散粒剂）
戊唑醇	麦角甾醇生物合成抑制剂	内吸性杀菌剂	1000~1500倍液（25%水乳剂）
腈苯唑	麦角甾醇生物合成抑制剂	内吸性杀菌剂	1000~1200倍液（24%悬浮剂）
吡唑醚菌酯	Q_0位点抑制剂	内吸性杀菌剂	2000~3000倍液（30%乳油）
啶氧菌酯	Q_0位点抑制剂	内吸性杀菌剂	1500~1800倍液（22.5%悬浮剂）
嘧菌酯	Q_0位点抑制剂	内吸性杀菌剂	1000~1200倍液（25%悬浮剂）
肟菌酯	Q_0位点抑制剂	内吸性杀菌剂	1500~2000倍液（50%水分散粒剂）

（续表）

药剂名称	作用机制	生物活性	用量（示例）
氟唑菌酰胺	琥珀酸脱氢酶抑制剂	内吸性杀菌剂	500~1000 倍液（12% 氟菌·氟环唑乳油）
氟吡菌酰胺	琥珀酸脱氢酶抑制剂	内吸性杀菌剂	2000~2500 倍液（35% 氟菌·戊唑醇悬浮剂）

注：施药前先割掉下部发病严重的病叶，然后再进行药剂喷雾；不同作用机制的药剂可轮换使用，以延缓抗药性。

2. 香蕉灰纹病

香蕉灰纹病又称暗双孢霉叶斑病，主要侵染叶片，在我国香蕉产区均有发生，在广西为害尤其严重。

[为害症状]

发病初期，病斑暗褐色或灰褐色，椭圆形或沿叶缘呈不规则形，大小不一。随病情发展，病斑扩展成两端稍尖的长椭圆形大斑，中央灰褐色至灰色，边缘深褐色，有亮黄色晕圈，斑内略呈轮纹状（图3）。湿度大时，病斑背面有灰褐色霉状物，即病原菌的子实体。

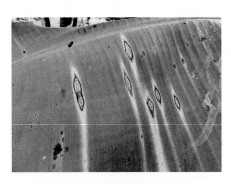

图3　香蕉灰纹病

［发生特点］

病原菌以菌丝体和分生孢子在植株病部和病残叶上越冬。翌年春季，分生孢子借助风雨传播蔓延，健康的和垂死的叶片组织都可受到侵染，但在别的真菌叶斑侵染所形成的病斑周围更容易扩展，属于弱寄生菌类。发病后，在病叶背面产孢，再反复传播和为害。

高温高湿利于该病流行，偏施氮肥、少施钾肥、过度密植、排水不良、杂草丛生、长势衰弱的蕉园发病较重。

［防治方法］

参照香蕉黑条叶斑病。

3. 香蕉煤纹病

香蕉煤纹病又称小窦氏霉叶斑病、暗褐斑病、暗斑病，发生较广，也是发生在香蕉上比较普遍的叶部病害。

［为害症状］

病斑多发生在叶片边缘，暗褐色，短椭圆形（图4），后扩展成不规则形的大斑（图5），中央灰褐色，有明显的轮纹，边缘暗褐色，边缘外淡黄色晕环常不明显或没有，病斑背面着生灰褐色霉层，颜色较深。

图4　煤纹病椭圆形病斑

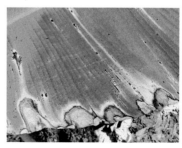

图5　煤纹病叶缘病斑

［发生特点］

与香蕉灰纹病相似。

［防治方法］

参照香蕉黑条叶斑病。

4. 香蕉黑星病

香蕉黑星病又称雀斑病、黑痣病。近年来，香蕉黑星病在我国香蕉产区为害十分严重，部分地区已经取代香蕉叶斑病成为香蕉第一大叶部病害，是香蕉病害防治中的难题。

［为害症状］

该病主要为害叶片和青果。植株下部叶片一般先发病，发病初期，在叶面产生许多深褐色至黑色的小粒点，散生或聚生，手摸有粗糙感（图6），严重时小粒点有沿侧脉流水线蔓延的趋势（图7）。严重受害时，叶片变黄，提前凋萎、枯死。

图6 黑星病的黑色小粒（叶片）

图7 黑星病为害严重时小粒点蔓延症状（叶片）

为害青果时，多在近果柄的凹面处散生或密集黑色小点，随着果实成熟为害严重度增加，被害果实常不能均匀一致地黄熟（图8）。

[发生特点]

病原菌以菌丝体或分生孢子在病叶、病果上越冬。翌年春季降雨后，从分生孢子器中溢出的分生孢子，随雨水或露水短距离扩散到叶片和果实上。

日均温度在 25~28℃，湿度在 80% 以上，该病害最容易发生流行。夏季、秋季雨水多，园内潮湿，往往发病较严重。地势低洼、积水、过度密

图 8　黑星病前期症状（果实）

植、氮肥过量、虫害为害严重的蕉园发病较重。

[防治方法]

1）加强栽培管理：做好排灌，合理密植，清除园内杂草，挖除多余吸芽，保证通风透气；合理施肥，增施有机肥和钾肥，避免偏施氮肥，使植株生长健壮，提高抗病力；断蕾后及时套袋，防止黑星病侵染；发病严重的地块，可种植粉蕉、大蕉等抗病品种。

2）减少病源：冬春季彻底割掉蕉园植株上的重病叶和枯死叶，清除地面的病残叶，集中处理；生长期及时割掉下部严重病叶和枯死叶并集中处理。

3）及时防治害虫，降低病害发生风险。

4）化学防治：预防为主，在香蕉营养生长前期可喷施保护性杀菌剂，如代森锰锌、百菌清等；发病初期可用氟硅唑、

丙环唑、苯醚甲环唑等内吸治疗剂与保护性杀菌剂混配，间隔
15~20 天轮换一次对叶片喷雾；果实上的黑星病可用对蕉果安
全的药剂（如甲基硫菌灵、腈苯唑、苯醚甲环唑、吡唑醚菌
酯、醚菌酯、氟唑菌酰胺等）进行果实喷雾防治（表 2）。

表 2　防治香蕉黑星病的常用药剂

药剂名称	作用机制	生物活性	用量（示例）
代森锰锌	抑制丙酮酸的氧化	保护性杀菌剂	500~600 倍液（80% 可湿性粉剂）
百菌清	破坏三磷酸甘油醛脱氢酶的活性	保护性杀菌剂	800~1000 倍液（40% 悬浮剂）
甲基硫菌灵	破坏纺缍体的形成	内吸性杀菌剂	1000~1200 倍液（70% 可湿性粉剂）
氟硅唑	麦角甾醇生物合成抑制剂	内吸性杀菌剂	2000~3000 倍液（40% 乳油）
苯醚甲环唑	麦角甾醇生物合成抑制剂	内吸性杀菌剂	1500~2000 倍液（37% 水分散粒剂）
腈菌唑	麦角甾醇生物合成抑制剂	内吸性杀菌剂	800~1000 倍液（12.5% 微乳剂）
腈苯唑	麦角甾醇生物合成抑制剂	内吸性杀菌剂	1000~1200 倍液（24% 悬浮剂）
吡唑醚菌酯	Q_o 位点抑制剂	内吸性杀菌剂	2000~3000 倍液（30% 乳油）
醚菌酯	Q_o 位点抑制剂	内吸性杀菌剂	1500~2000 倍液（50% 水分散粒剂）
啶氧菌酯	Q_o 位点抑制剂	内吸性杀菌剂	1500~1800 倍液（22.5% 悬浮剂）
肟菌酯	Q_o 位点抑制剂	内吸性杀菌剂	1500~2000 倍液（50% 水分散粒剂）

（续表）

药剂名称	作用机制	生物活性	用量（示例）
氟唑菌酰胺	琥珀酸脱氢酶抑制剂	内吸性杀菌剂	2000~2500 倍液（42.4% 唑醚·氟酰胺悬浮剂）
氟吡菌酰胺	琥珀酸脱氢酶抑制剂	内吸性杀菌剂	2000~2500 倍液（35% 氟菌·戊唑醇悬浮剂）

注：施药前先割掉下部发病严重的病叶，然后再进行药剂喷雾；不同作用机制的药剂可轮换使用，以延缓抗药性。

5. 香蕉炭疽病

香蕉炭疽病又称熟果腐烂病，多发生于香蕉果实黄熟期，也可为害青果、叶片、苞片、果梗和果轴，在储运过程中为害最大。

[为害症状]

在黄熟香蕉上，病斑最初为圆形的褐色小点，随后褐色小点扩展成黑褐色圆形凹陷病斑，病斑进一步扩展，常汇合成不规则形的大斑块，后期病斑上出现许多粉红色至暗红色的小点，最后全果变黑腐烂（图 9）。青果上的症状与熟果上的相似，但病斑明显凹陷，外缘水渍状，且中部常纵裂，露出果肉（图 10）。叶片发病时呈同心轮纹状斑，后期病斑干枯坏死。

[发生特点]

病菌通过风雨和昆虫传播，降落到植株幼嫩组织上的分生孢子遇水后萌发，侵入组织引起病害。侵入无伤青果的病菌常以休眠状态在表皮下潜伏，随着果实逐渐黄熟才开始显症，在储运期间可以通过病果与健果接触进行传播，扩大为害。以香

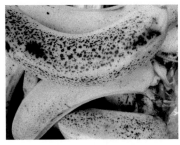

图 9　熟果上的炭疽病　　　图 10　青果上的炭疽病

蕉受害最严重，大蕉次之，粉蕉很少受害。在多雨重雾等潮湿环境下，此病发生最迅速、最严重。

　　[防治方法]

　　1）加强栽培管理：做好蕉园卫生，及时清除病叶、病果；断蕾后及时套袋。

　　2）采收管理：适时采收，当地销售控制在八成熟度，远销控制在七成熟度；采果应在晴天进行；采收和储运要小心操作，防止擦伤。

　　3）化学防治：香蕉生长期要注意预防用药，采果后及时落梳，并在24小时内用保鲜药剂浸果消毒（表3）。

表3　防治香蕉炭疽病的常用药剂

药剂名称	作用机制	生物活性	用量（示例）	备注
咪鲜胺	麦角甾醇生物合成抑制剂	内吸性杀菌剂	1000~1500倍液（45%水乳剂）	可作保鲜剂
苯醚甲环唑	麦角甾醇生物合成抑制剂	内吸性杀菌剂	1500~2000倍液（37%水分散粒剂）	
吡唑醚菌酯	Q_o位点抑制剂	内吸性杀菌剂	2000~3000倍液（30%乳油）	可作保鲜剂

6. 香蕉冠腐病

香蕉冠腐病又称轴腐病、白霉病，是仅次于炭疽病的重要采后病害，严重时发病率可达 70% 以上。

［为害症状］

蕉果在发育过程中极易受到香蕉冠腐病菌的潜伏侵染，病菌从香蕉脱梳切割的冠面组织侵入，开始发病时出现深褐色、水渍状病斑，随后发展迅速，并蔓延到果身及邻近的果指，病部变软、变黑。在潮湿条件下，果柄上长出白色或灰白色絮状霉层，后期果指脱落，果皮开裂（图 11、图 12）。

图 11　香蕉冠腐病　　**图 12　发病后期果皮开裂**

［发生特点］

分生孢子借风雨传播，沉降到果实上潜伏侵染，在香蕉采收脱梳时可通过带菌刀具及漂洗水传播，病菌孢子通过脱梳切口或采收、储运过程中造成的伤口侵入为害，储运期间的高温高湿环境有利于该病发生蔓延。

［防治方法］

1）减少机械损伤：整个采收、包装和储运过程尽量轻拿轻放，减少损伤果面，有条件的蕉园可建索道运蕉。

2）降低果实后期含水量：采收前10天不灌溉，雨后2~3天待天晴后再收蕉。

3）采后药剂处理：可与香蕉炭疽病药剂混配使用（表4）。

表4　防治香蕉冠腐病的常用药剂

药剂名称	作用机制	生物活性	用量（示例）
异菌脲	抑制蛋白激酶的活性	保护性杀菌剂	500~600倍液（22.5%悬浮剂）
抑霉唑	麦角甾醇生物合成抑制剂	内吸性杀菌剂	1000~1500倍液（50%乳油）

7. 香蕉枯萎病

香蕉枯萎病又称黄叶病、凋萎病，因该病对巴拿马的香蕉产业造成了巨大损失，因此该病又名巴拿马病，是香蕉上的毁灭性土传维管束病害。

[为害症状]

从苗期到成株期都能感病，一般在植株将要抽蕾时症状才变得明显。外部显著特征为叶片发黄，首先是下部叶片从叶缘变黄，然后向中肋发展，之后整张叶片变黄、凋萎、下垂，并逐渐向上部叶片发展，由黄变褐色干枯，严重时整株叶片干枯死亡（图13、图14）。

部分发病植株假茎开裂（图15）。纵剖病株假茎，可看到红褐色病变的维管束条纹，越靠近茎基部的病变部位颜色越深；横切则呈红褐色或红棕色斑点（块）（图16）。母株发病，当地上部（即假茎）枯死后，其地下部（即球茎）不立即枯死，仍能长出新芽，继续生长，要到生长中后期才显现症状。

[发生特点]

病菌首先从幼根侵入，成株期从根系伤口侵入，经根系木

图13 枯萎病整体症状

图14 抽蕾期染病果实不能成熟

图15 假茎开裂

图16 病变的维管束

质部扩展到球茎，再通过维管束向假茎蔓延扩展，或通过带菌球茎萌发的吸芽导管延伸至吸芽苗内。病菌随病残体、带菌土壤、耕作工具、病区灌溉水、雨水、线虫等近距离传播蔓延，通过调运带病菌的吸芽、土壤和二级苗远距离传播。土壤湿度大、排水不畅、下层透性差时，发病较重。蕉园在水浸后往往发病较重。土壤黏重、酸性大、沙壤土、肥力低的蕉园容易发病，根结线虫发生严重可促进该病发生。

[防治方法]

针对不对的发病程度采取不同的防控措施

1）无病区（非疫区）防控：对于无病区或新植蕉区，其防控核心是阻止枯萎病菌的传入。

①加强检验检疫，保证种植的蕉苗无病。

②阻止病菌通过灌溉水或雨水从邻近地块传播：大面积的蕉园，需建立单独深井取水系统，防止枯萎病菌通过灌溉水和雨水传入无病田块。

③田间出现零星病株，要及时科学处理：使用草甘膦等除草剂注射植株，使发病植株完全死亡；病株残体集中销毁，不能丢弃在田间、排水沟等；病株周围的土壤施撒石灰，或喷施恶霉灵、多菌灵等药剂消毒，防止病菌在田间扩散蔓延。

2）轻病区防控：对于零星发病的蕉园，防控核心是降低土壤病菌量、丰富土壤微生物多样性、优化群体结构，通过多种方法提高植株的抗病性。

①加强检验检疫，保证种植的种苗无病。

②选种抗（耐）枯萎病品种：如台蕉、宝岛蕉系列品种，

以及农科 1 号、粤抗 1 号、南天黄、中蕉 3 号、中蕉 9 号、桂蕉 9 号等一系列抗（耐）品种。

③蕉园种植管理：深翻土地，搁置 2~3 周或更长时间，让阳光暴晒，杀灭土壤中的部分病菌或寄生线虫；施用充足有机肥和钾肥，提高植株的抗病能力；适度施用石灰或石灰氮，有助于杀灭病菌、根结线虫，调节土壤酸碱度；农事管理中避免伤根，采用水肥一体化系统；防控土壤中根结线虫；蕉园种植全程应用微生物菌肥，能有效改变土壤中微生物类群，有利于拮抗菌而不利于病菌的繁殖和生长；实行韭菜、豆科作物等间作或套种，可有效改良土壤结构和性质，改变土壤中的微生物群落种类和数量，从而不利于病菌的生长和繁殖，进而减少病害的发生。

3）重病区防控：发病率超过 20%，建议的主要措施是实行轮作。包括旱旱作物轮作，如与韭菜、葱蒜、番木瓜等轮作；水旱轮作。

8. 香蕉烟头病

香蕉烟头病又称香蕉果指顶腐病、雪茄顶腐病。

[为害症状]

该病主要为害青果，初期症状是果指顶的皮层局部变暗和皱缩，变暗区周边有一条黑带，在病健交界处有一条狭窄的褪绿区，后期果肉变干或呈纤维状，在病部表面出现灰色粉状孢子堆（图 17）。

[发生特点]

分子孢子借气流传播，侵染正在变干的花器，并在蕉花和枯叶上繁殖，提供病菌的侵染菌源，随着病斑扩展进一步深入

图 17　烟头病

果内，在高温和降雨时田间发病率上升。管理粗放、未抹花的蕉园常发病。

[防治方法]

1）加强蕉园管理：及时抹花和套袋，清除干死的蕉花。

2）化学防治：发病时，可用 30% 吡唑醚菌酯乳油 2000~3000 倍液或 25% 嘧菌酯悬浮剂 1500~2000 倍液或 70% 甲基硫菌灵可湿性粉剂 1000~1200 倍液喷雾防治。

二、香蕉细菌病害

9.香蕉叶鞘腐败病

香蕉叶鞘腐败病又称茎腐病，俗称黑秆病、臭脚脊、水肿病，近几年在我国各香蕉种植区发生越来越普遍，一般田间发生率轻者 5%~10%，重者达 70% 以上，已成为影响香蕉高产稳产的重要威胁之一。

[为害症状]

发病初期，在叶鞘处出现黄褐色小点，之后病斑逐渐扩大，呈圆形或椭圆形水渍状黄褐色大斑，手轻挤病部即有大量黄褐色液体流出；后期严重时，整个叶鞘变褐腐烂，影响香蕉叶片水分和养分的输导，致使叶片尚未枯萎就折断下垂，病叶从下层逐渐向上层扩展（图 18）。

图18　叶鞘腐败病

[发生特点]

该病主要为害成株期香蕉的中下部叶鞘，以抽蕾前老叶发病最重，新叶发病较轻，宿根蕉发病率高于新植蕉。高温高湿利于该病发生流行，25~38℃为发病适温，28~35℃发病最快。蕉园土壤黏重、地势低洼、长期浸水、排水差、通风不畅，也会使该病发生严重。土壤pH值5以下、氮肥过量缺钾严重的蕉园易发病。台风、暴雨过后容易诱发该病。

[防治方法]

1）加强栽培管理：做好排灌，合理密植，清除园内杂草，保证通风透气；合理施肥，增施有机肥和钾肥，避免偏施氮肥。

2）减少病源：冬春季彻底割掉蕉园植株上的重病叶和枯死叶，清除地面的病残叶，集中处理；生长期及时割掉下部严重病叶和枯死叶并集中处理。

3）化学防治：发病初期或雨季来临前提前用药预防。发病初期可单用 1 种细菌药剂，发病中后期可用 2 种不同类型的药剂混配使用，整株喷雾，重点喷假茎和叶柄，7~10 天喷一次，连喷 2~3 次。如抽蕾期发病，用药要注意对蕉果的安全，可选用噻菌铜、喹啉铜、中生菌素、春雷霉素、噻唑锌等相对较安全的药剂（表 5）。

表 5　防治香蕉叶鞘腐败病的常用药剂

类别	药剂名称	产品特点	用量（示例）
无机铜类	氢氧化铜	呈碱性，混配性差，一般单独使用	600~800 倍液（77% 可湿性粉剂）
	王铜		600~800 倍液（30% 悬浮剂）
有机铜类	噻菌铜	混配性好，对真菌性病害也有一定的防治效果	400~500 倍液（20% 悬浮剂）
	络氨铜		400~600 倍液（15% 水剂）
	松脂酸铜		300~500 倍（12% 乳油）
	琥珀酸铜		400~600 倍液（30% 可湿性粉剂）
	喹啉铜		500~800 倍液（33.5% 悬浮剂）
	噻森铜		800~1000 倍液（30% 悬浮剂）
抗菌素类	中生菌素	内吸性较好，使用方法多样，对真菌性病害也有一定的防治效果，并对植物生长具有调节功能	800~1000 倍液（3% 可湿性粉剂）
	春雷霉素		500~800 倍液（2% 水剂）
	乙蒜素		500~800 倍液（30% 乳油）
噻唑类	噻唑锌	内吸性好，不易产生抗药性	500~600 倍液（20% 悬浮剂）

10. 香蕉细菌性黑斑病

香蕉细菌性黑斑病近几年在一些蕉园也常有发生，需要引起重视。

[为害症状]

发病初期，叶面有零星黑色点状病斑，发病后期整个叶片布满黑色斑点，病斑连片，用手触摸无粗糙感（图19）。

图19　细菌性黑斑病

[发生特点]

该病主要发生在植株下部的老叶上，病菌从叶片气孔或微伤口侵入，由下部叶片逐渐向上传播。在香蕉生长前期为害严重，雨季蕉园湿度大时传播和扩展迅速。

[防治方法]

1）保持蕉园清洁：在植株生长前期及时剪除下部老叶、病叶。

2）化学防治：可参照叶鞘腐烂病药剂进行叶片喷雾。

11.香蕉细菌性软腐病

香蕉细菌性软腐病又称细菌性根茎腐烂病,近几年在我国香蕉种植区也有发展严重之势,部分蕉园发病率达20%,病死率达70%。

[为害症状]

病菌主要通过球茎或球茎与假茎交界处的伤口侵入,苗

期发病,在球茎或球茎与假茎交界处产生褐色斑点,病斑随后向周边扩展和向组织内发展,球茎很快腐烂发臭,假茎形成海绵状软腐,原斑块处变成空隙,假茎维管束变褐色,植物生长迟缓,心叶萎缩或黄化,叶片逐渐变黄、枯萎,地上部极易倒伏或被风吹倒(图20)。成株感病后,很少表现外部症状,而是在挂果后果实生育期间植株突然折断倒伏。

图20 细菌性软腐病

[发生特点]

在香蕉园土壤中,该病的病原菌广泛分布,是一种伤口寄生菌,可通过土壤和流水传播。地势低洼、排水不畅、根茎受损伤的蕉园有利于此病发生,采用漫灌的蕉园病害容易发生和流行。

[防治方法]

1)加强栽培管理:尽量避免在低洼潮湿地块种植,遇低

洼地势可先开好排水沟，起好畦后再种植；避免大水漫灌，大雨过后及时排水；尽量避免农事操作过程中对球茎造成伤口。

2）种植抗病、耐病品种：皇帝蕉为高抗品种，大蕉和巴西蕉为中抗品种，金粉、广粉和威廉斯为中感品种。

3）严重病株应及时挖除销毁，病株蕉穴施石灰，可以在间隔10~15天再补植蕉苗。

4）化学防治：发病初期及时用药防治，可用细菌性药剂灌根（参照香蕉叶鞘腐败病药剂），药剂稀释浓度比喷雾浓度减半，间隔7~10天施药1次，共施2~3次。

三、香蕉病毒病害

12.香蕉束顶病

香蕉束顶病又称萎缩病、龙头病、丛顶病，俗称蕉公、葱蕉或虾蕉，是一种分布较广泛的毁灭性病毒病害，重病蕉园病株率可高达50%以上。

[为害症状]

香蕉全生育期均可感病，发病严重的病株外观有以下3大特征。

1）束顶：新长出来的叶片，一片比一片短而窄小，以致病株矮缩，叶片硬直并成束在一起，束顶病由此得名。病株新叶的颜色较健株深绿，边缘褪绿变

图21　叶脉上的"青筋"

黄进而干枯，质硬而脆，容易折断（图21）。

2）出现特征性的"青筋"：病株发病初期，在新叶上产生断断续续、长短不一的浓绿色条纹，俗称"青筋"，密布于叶的中脉和平行脉，在叶柄及假茎上也有发生（图21）。

3）分蘖增多：但多为无效分蘖，故称"蕉公"（图22）。

图22　幼苗发病

幼株染病一般不能开花结实；快现蕾时染病，花蕾直立不结实；在现蕾期染病，虽能抽出花序，但雄花花瓣向外翻卷，易脱落，长出的果实把柄长而细，果柄弯曲，果少且小，果端细小，肉脆无香味。此时由于叶片已出齐，所以不表现束顶症状，但最嫩叶片的叶脉上仍出现"青筋"。

挖起病株的根部，绝大部分根部变黑褐色坏死，仅有少量新根长出。

［发生特点］

该病的病毒主要靠香蕉交脉蚜在蕉园内传播，远距离则通过带毒种苗调运传播，病毒不能借机械摩擦及土壤传播。干旱少雨的温暖季节，香蕉交脉蚜的繁殖数量大，有翅蚜的数量多，束顶病发病率也高。

［防治方法］

1）种植无毒组培苗：种植脱毒组培苗是目前生产上控制

该病扩散最有效的途径。

2）经常巡查蕉园：发现病株，先喷药防治蚜虫，随后彻底挖除病株及其球茎并集中销毁或用草甘膦注射病株致枯死，约半个月后可进行补种新苗。

3）种植抗病品种：发病严重地块可改种其他作物后再种蕉，或种植抗病品种，其中香蕉最易感病，粉蕉类和大蕉类比较抗病。

4）春季气温回升、香蕉苗期应及时喷药杀蚜虫（防治蚜虫药剂见蚜虫篇章）。

13. 香蕉花叶心腐病

香蕉花叶心腐病又称香蕉侵染性褪绿病、香蕉花叶病、香蕉心腐病，我国各蕉区均有该病发生。

[为害症状]

该病主要为害幼苗，造成幼苗花叶、植株矮小并产生茎心腐烂；成株期也可受侵染，表现花叶或心腐（图23）。发病时，叶片上出现断断续续或长或短的褪绿黄色条纹或黄绿色梭形圆斑，呈花叶状。叶缘有时轻度卷曲，顶部叶片有扭曲和束生倾向，心叶出现水渍状病斑，变褐而腐烂。

病害发生特别严重时，纵剖假茎可见病部成长条状坏

图23　花叶状

死，横剖假茎呈块状坏死，有时在球茎内部也发生腐烂。

[发生特点]

田间通过棉蚜、玉米蚜和桃蚜等多种蚜虫传播，远距离主要靠带毒种苗调运扩散传播。干旱少雨的温暖季节，利于蚜虫大发生，此病的发病率也较高。

蕉园及其附近间套种或大面积种植蔬菜，尤其是葫芦科、茄科、藜科蔬菜时，往往较易普遍发生香蕉花叶心腐病，因为蚜虫可以在这些中间寄主上辗转为害繁殖。

[防治方法]

参考香蕉束顶病。

14. 香蕉条纹病毒病

香蕉条纹病毒病又称香蕉条纹病、条斑病、线条病，在我国各大蕉区时有发生。

[为害症状]

该病引起的症状会因香蕉品种、病毒株系、环境条件和水肥管理的差异而不同。典型症状是叶片出现断续或连续的褪绿条纹及梭状条斑（图24），随着病害的扩展，可逐渐成为坏死黑色条纹或条斑（图25），假茎、叶柄及果穗有时也会出现条纹症状。

图24 前期症状

[发生特点]

该病的病毒主要靠无性繁殖材料和粉蚧进行传播，不能由机械摩擦传播。粉蚧的传播一般仅局限在小面积范围内，很少扩散蔓延。甘蔗的杆状病毒也可由粉蚧传播至香蕉，并造成条纹病症状。

图 25　后期症状

[防治方法]

1）种植无毒组培苗。

2）田间重病植株应及时挖除，对于表现症状较轻的植株，一般只需割除枯黄病叶，通过加强水肥管理提高植株抗病能力，仍能保持一定的产量。

3）药剂防治粉蚧（表 6）。

表 6　防治粉蚧的常用药剂

药剂名称	作物方式	用量（示例）
毒死蜱	触杀、胃毒、熏蒸	1000~1500 倍液（40% 乳油）
杀虫双	内吸、胃毒、触杀	500~600 倍液（18% 水剂）
螺虫乙酯	内吸双向传导	2000~3000 倍液（22.4% 悬浮剂）

四、香蕉线虫病害

15.香蕉根结线虫病

香蕉根结线虫病在我国各香蕉产区均有不同程度的发生，

且有加重发生之势，发病率一般为20%~30%，严重时达60%以上。香蕉根结线虫病病原主要为南方根结线虫、花生根结线虫和爪哇根结线虫，其中南方根结线虫是优势种，占绝大部分。

[为害症状]

感病植株地上部矮小，叶片绿色无光泽或暗黄绿色，常由中脉向叶缘方向逐渐变黄色（图26），严重时叶片中部还会出现不规则形的褪绿黑斑，似缺水缺肥状。

图26　叶片黄化

蕉根局部肿胀，在细根上形成大小不等的根结（图27），在粗根末端膨大成鼓槌状或长弯曲状，须根少，黑褐色，严重时表皮腐烂。

[发生特点]

香蕉根结线虫1年发生多代，世代重叠严重。以卵、2龄幼虫和雌成虫在土壤和病根内越冬。以2龄幼虫侵染香蕉幼根，寄生于根皮内，形成根结。成虫将卵产到露在根外的胶质卵囊中，卵囊遇水破裂，卵粒散落于土壤中形成次侵染源。根结线虫侵入根内时造成的伤口，利于真菌和细菌的入侵，容易引起根部病害的复合侵染，加重病情。

图27　根结症状

病苗和病土是该病远距离传播的主要途径，水流、农事操作等是近距离传播的主要途径。一般沙质土比黏质土发病重。

[防治措施]

1）农业防治：大棚内选用无病土、晒干土或消毒土装杯育苗；翻耕晒土、淹水等农事操作；加强水肥管理，增施有机肥，改良土壤；有条件的进行轮作，最好是水旱轮作。

2）生物防治：淡紫拟青霉、厚孢轮枝菌等可用于对根结线虫的防治；在蕉园内混种驱线虫植物如万寿菊、紫花苜蓿等，能有效降低根结线虫的群体数量。

3）化学防治：开发新蕉园时，线虫药（颗粒剂）与底肥混匀撒施，在香蕉生长季节可根据线虫发病情况选择液体剂型进行灌根，每年埋过冬肥时与线虫药（颗粒剂）混匀撒施。药剂轮换使用，或混配使用（表7）。

表7 防治香蕉根结线虫的常用药剂

药剂名称	作用方式	特点	用量（示例）
10%噻唑膦颗粒剂	触杀、内吸	速效性好，持效期长，可达30天以上	15千克/公顷拌土撒施
5%噻唑膦微乳剂			15升/公顷灌根
0.5%阿维菌素颗粒剂	胃毒、触杀	防治广谱，兼杀其他地下害虫	15千克/公顷拌土撒施
3.2%阿维菌素乳油			7.5升/公顷灌根
41.7%氟吡菌酰胺悬浮剂	内吸	低毒环保，高效低用量	450毫升/公顷灌根
2.5%阿维·异菌脲颗粒剂	胃毒、触杀	抑制卵的孵化，杀灭2龄幼虫	37.5~45千克/公顷拌土撒施

第二章
香蕉虫害识别与防治

1.斜纹夜蛾

斜纹夜蛾别名很多，如黑头虫、莲纹夜蛾、夜盗虫、乌头虫、荷叶虫、五花虫等。斜纹夜蛾是世界性分布的杂食性重要害虫，并具有迁飞习性。在我国斜纹夜蛾为害香蕉的记录最早报道于1989年（发现于1988年）。

[形态特征]

成虫：前翅灰褐色，花纹多，翅中部有1条明显的白色宽阔斜纹（图28）。

卵：卵块状，外覆黄白色绒毛（图29）。

图28　成虫

图29　卵块

幼虫：一般为6龄，老熟幼虫体长38~51毫米，体色多变，有黑褐、褐、灰绿、土黄等色，背线和亚背线黄色，中胸至第九腹节背面各有 1 对三角形的黑斑（图 30）。

蛹：长 15~23 毫米，圆筒形，赤褐色至暗褐色，腹末具有 1 对臀棘（图 31）。

图 30 幼虫

图 31 蛹

［为害症状］

幼虫具有群集性、暴食性，取食心叶、嫩叶或咬断嫩茎（图 32），为害叶片时只取食叶肉，留下叶脉，呈筛网状，初孵时群集为害，2 龄后分散取食，高龄幼虫食量大，可把整张叶片吃光（图 33）。

图 32 斜纹夜蛾咬食心叶

图 33 斜纹夜蛾聚集为害

［发生特点］

香蕉的苗期和营养生长期最易受斜纹夜蛾为害，高温干旱有利于此虫暴发。一年发生 8~9 代，无明显的越冬现象。高龄幼虫白天多栖息于叶背或土壤缝隙阴蔽处，夜间取食。老熟幼虫入土化蛹。

［防治方法］

1）加强蕉园管理：及时中耕除草，减少产卵场所，消灭土中的幼虫和蛹。

2）诱杀成虫：成虫发生期间，在蕉园用黑光灯或糖醋液、树枝把诱杀；也可用性诱剂诱杀雄虫，使虫卵不能受精，不能孵化幼虫。

3）人工捕杀：人工巡查蕉园，及时摘除有卵块和初孵幼虫的叶片并销毁。

4）化学防治：在蛾发高峰后半个月内，卵孵化盛期进行用药，7~10 天后视虫情而定是否再防，喷雾除了香蕉植株上要均匀着药以外，对根际附近地面也要喷到，以防滚落地面的幼虫漏治，早晨或黄昏幼虫活动时喷雾效果好。虫龄较大时，可用花生麸混合甲维盐撒在蕉头附近，毒杀高龄幼虫，或 2 种不同作用机制药剂混配使用（表 8）。

表 8　防治香蕉斜纹夜蛾的常用药剂

药剂名称	作用机制	作用方式	特点	用量（示例）
甲氨基阿维菌素苯甲酸盐	加强氯离子的传导性	触杀、胃毒	见光易分解，各龄期幼虫都有效	500~1000 倍液（1%乳油）

（续表）

药剂名称	作用机制	作用方式	特点	用量（示例）
氯虫苯甲酰胺	高效激活鱼尼丁受体	胃毒、内吸、触杀	高效杀虫，各龄期幼虫都有效，持效期长	750~1000倍液（5%悬浮剂）
茚虫威	阻断昆虫神经细胞内的钠离子通道	胃毒、触杀	高效杀虫，各龄期幼虫都有效	1000~1500倍液（15%悬浮剂）
虫螨腈	阻断线粒体的氧化磷酸化	胃毒、触杀	各龄期幼虫都有效，叶片渗透性强	1500~2000倍液（10%悬浮剂）
辛硫磷	抑制乙酰胆碱酯酶的活性	胃毒、触杀	见光易分解	1000~1500倍液（40%乳油）
毒死蜱	抑制乙酰胆碱酯酶的活性	触杀、胃毒、熏蒸	兼性杀螨	1000~1500倍液（40%乳油）
甲氰菊酯	抑制昆虫神经轴突部位的传导	胃毒、触杀	兼性杀螨	1000~1500倍液（20%乳油）
高效氯氟氰菊酯	抑制昆虫神经轴突部位的传导	胃毒、触杀	兼性杀螨	1000~1500倍液（5%微乳剂）
联苯菊酯	抑制昆虫神经轴突部位的传导	胃毒、触杀	兼性杀螨	750~1000倍液（2.5%微乳剂）

（续表）

药剂名称	作用机制	作用方式	特点	用量（示例）
溴氰菊酯	抑制昆虫神经轴突部位的传导	胃毒、触杀	气温低时活性高	1500~2000倍液（2.5%微乳剂）
灭幼脲	抑制昆虫表皮的几丁质合成	胃毒、触杀	昆虫生长调节剂，3~5天后药效才明显	1000~1500倍液（25%悬浮剂）
斜纹夜蛾核型多角体病毒	寄生繁殖	胃毒、触杀	作用速度缓慢，持效期长	12000~15000倍液（200亿PIB/克水分散粒剂）

2.黄斑蕉弄蝶

黄斑蕉弄蝶简称弄蝶，又称卷叶虫、蕉苞虫，为害严重时被害株率高达95%，香蕉叶片受害后影响光合作用，导致生长受阻，果实减产乃至失收。

[形态特征]

成虫：前翅茶褐色，翅中央有黄色方形大斑2个，近外缘有1个黄色方形小斑（图34）。

卵：馒头形，卵壳表面有白色放射状纵纹，初产时呈乳黄色或粉黄色，后逐渐变为深红色，孵化时呈灰黑色（图35）。

幼虫：初孵幼虫体长6毫米，头大黑色，体呈淡黄色或微绿色（图36）；老熟幼虫体长50~64毫米，头部黑色且略呈三角形，淡黄色，体被白色蜡粉，中部肥大，腹足4对，尾足1对，均有细小环形排列的趾钩（图37）。

蛹：长 35~42 毫米，圆筒形，黄白色（图 38），快孵化时黄褐色（图 39），被白粉，口喙长，直伸至腹末。

图 34 弄蝶成虫

图 35 弄蝶卵

图 36 弄蝶初孵幼虫

图 37 弄蝶老熟幼虫

图 38 弄蝶蛹前期

图 39 弄蝶蛹后期

［为害症状］

幼虫孵化后先取食卵壳（图 40），然后分散到叶缘取食，咬食叶片成缺口，再吐丝将破叶反卷缀合成苞，幼虫在苞内边取食边卷苞，3龄后体增大而藏身困难时，则开始转苞为害，此后食量大增，一般整个幼虫期有1~3次转苞为害，被害蕉叶虫苞累累（图41）。

图40　被取食后的卵壳

图41　为害蕉叶卷成虫苞

［发生特点］

弄蝶幼虫主要在香蕉的营养生长期为害，老熟幼虫在卷苞中化蛹。

［防治方法］

1）人工捕杀：在蕉园看见叶片的卷苞将其摘下，集中处理。

2）清除枯叶、残株，尽量减少虫源。

3）化学防治：幼虫3龄前用药喷杀，药剂使用参考斜纹夜蛾。

3. 褐足角胸叶甲

褐足角胸叶甲又称褐足角胸肖叶甲，俗称跳甲，分布范围十分广泛，是香蕉和多种农作物的主要害虫，部分地区百株虫量高达 118 头，被害株率高达 80%。

[形态特征]

成虫：体长 3~5.5 毫米，体色变异大，大致可分为 6 种色型：标准型、铜绿鞘型、蓝绿型（图 42）、黑红胸型、红棕型（图 43）和黑足型，广西香蕉种植区约 90% 的个体为红棕型。头部刻点密而深，头顶后方具纵皱纹，前胸背板宽短，略呈六角形，两侧有尖角，鞘翅基部隆起，后面有一横凹。

图 42　蓝绿型跳甲　　　　　　图 43　红棕型跳甲

卵：黄色，长 0.55~0.66 毫米，初产略透明且光滑，长椭圆，聚产。

幼虫：初孵幼虫淡黄色，略透明，体长 0.8~1.0 毫米；高龄幼虫乳白色，头黄褐色，口器黑色。

蛹：为裸蛹，长 3.9~5 毫米，头部淡黄色，复眼棕红色，其余乳白色。

[为害症状]

成虫单独或群集为害香蕉未完全展开的嫩叶和刚抽蕾的嫩果皮，被害叶片和果皮上形成不规则食痕（图 44、图 45），严重影响叶片光合作用和果实的外观品质，造成减产和降低香蕉商品性。

图44 跳甲为害后的叶片

图45 跳甲为害后的果实

[发生特点]

成虫多数将卵产于腐烂湿润的假茎、枯叶组织内，少数产在香蕉根部1厘米左右的疏松土层内，老熟幼虫在土中化蛹。

降雨有利于幼虫化蛹和成虫成批出土为害，1周内降水量累计10毫米以上，雨后1周幼虫大量化蛹，雨后2~3周成虫出现高峰期。沙土、无喷灌条件、有杂草、不覆盖地膜的蕉地幼虫和成虫的密度大。

该虫在土壤中的数量分布规律为：沙土＞砂壤土＞壤土＞黏土；旱蕉地＞水田改种的蕉地。

褐足角胸叶甲嗜食香蕉叶，在同时有香蕉和玉米叶的情况下只取食香蕉叶。

[防治方法]

1）加强蕉园管理：冬季清除蕉园无用假茎、枯叶及杂草，恶化越冬环境；冬春季结合施肥翻松表土，恶化栖息环境。

2）人工捕杀：利用成虫的群集性、假死性，收集捕杀。

3）化学防治：在做好虫情测报的基础上，于成虫盛发期适时对香蕉喷药保护，喷药时将药液均匀喷到蕉叶正反两面，再从心叶顶部喷药入心叶内（表9）。

表9　防治香蕉跳甲的常用药剂

药剂名称	作用机制	作用方式	特点	用量（示例）
啶虫脒	抑制烟碱型乙酰胆碱受体的活性	内吸、胃毒、触杀	持效期长	5000~6000倍液（70%水分散粒剂）
呋虫胺	抑制烟碱型乙酰胆碱受体的活性	内吸、胃毒、触杀	持效期长	3000~4000倍液（70%水分散粒剂）

（续表）

药剂名称	作用机制	作用方式	特点	用量（示例）
哒螨灵	击倒	触杀	击倒速度快	1000-1500 倍（15% 乳油）
毒死蜱	抑制乙酰胆碱酯酶的活性	胃毒、触杀、熏蒸	混用相溶性好且增效作用明显	1000~1500 倍液（40% 乳油）
敌敌畏	抑制乙酰胆碱酯酶的活性	胃毒、触杀、熏蒸	击倒力强	1000~1500 倍液（80% 乳油）
辛硫磷	抑制乙酰胆碱酯酶的活性	胃毒、触杀	见光易分解，灌根防幼虫效果好	1000~1500 倍液（40% 乳油）
高效氯氟氰菊酯	抑制昆虫神经轴突部位的传导	胃毒、触杀	有一定的拒食作用	1000~1500 倍液（5% 微乳剂）
顺式氯氰菊酯	抑制昆虫神经轴突部位的传导	胃毒、触杀	防效好	1000~1500 倍液（50 克/升乳油）
杀虫双	竞争性占领乙酰胆碱受体	内吸、胃毒、触杀	防效好，夏季高温时易有药害	500~600 倍液（18% 水剂）

4. 根茎象甲

根茎象甲又称黑筒象、蛀茎象、球茎象甲，可导致香蕉产量损失 20% 以上，如不加以防治，严重时可失收。该虫现已被原国家环保总局（2002 年 11 月发布）列入中国主要外来入侵物种之一。

[形态特征]

成虫：头部前面有特化成类似象鼻的口器，体长 9~13 毫米，圆筒形，全身呈黑色或黑褐色，具蜡质光泽，密布刻点，鞘翅纵沟明显（图 46）。

卵：乳白色，孵化时污黑色，长椭圆形，表面光滑，长约1.8 毫米。

老熟幼虫：头小，体躯大，长约 15 毫米，体呈黄白色，多横纹，头红褐色，足退化（图 47）。

蛹：长约 12 毫米，乳白色。

图 46　根茎象甲成虫　　　图 47　根茎象甲老熟幼虫

[为害症状]

主要以幼虫为害香蕉（图 48）。成虫将卵产在接近地面的假茎最外 1~2 层叶鞘的小空隙中，孵化的幼虫由外向内蛀食，在茎基部和球茎中造成纵横交错的"隧道"，老熟幼虫用嚼细的蕉茎纤维将隧道两端封闭，在其中化蛹。幼株受害，叶片变黄、枯萎，甚至全株死亡；成株受害，长势衰弱，不能抽蕾或抽蕾后果瘦，严重被害植株的球茎变黑腐烂进而倒伏。

[发生特点]

成虫具有假死性、群集性，耐饥力强，大多数成虫能活 1 年，有的甚至能活 4 年。降雨能提高成虫活力。成虫畏光，白天躲藏在受害假茎最外 1~2 层干枯或腐烂的叶鞘内，晚间出来取食和交配产卵，一受惊动就装死，极少飞行。大多数情况下，由带虫的球茎传播到新的香蕉种植区。

图 48　根茎象甲为害状

[防治方法]

1）新植蕉园种植无虫蕉苗，以切断虫源。

2）清洁蕉园：及时剥除蕉株枯腐叶鞘，清除成虫隐居场所；凡有虫的蕉园，收蕉后将植株残体（含蕉头）挖起集中销毁。

3）诱杀成虫：把收蕉后的假茎和球茎切成条块放置在蕉行中，诱捕根茎象甲成虫，如果天气干旱，诱捕前先浇湿假茎和球茎能够显著提高诱捕量。

4）化学防治：使用颗粒剂撒施在植株基部或用液剂稀释后喷淋假茎基部（表 10 ）。

表10 防治香蕉根茎象甲的常用药剂

药剂名称	特点	用量（示例）
毒死蜱	持效期长，具有熏蒸作用	15~22.5千克/公顷（15%颗粒剂）
辛硫磷	在土中持效期长	60~75千克/公顷（5%颗粒剂）
毒死蜱	持效期长	1000~1500倍液（40%乳油）
辛硫磷	见光易分解	1000~1500倍液（40%乳油）
高效氯氟氰菊酯	速效性好	1000~1500倍液（5%微乳剂）
联苯菊酯	速效性好	750~1000倍液（2.5%微乳剂）

5. 假茎象甲

假茎象甲又称黑带象甲、双带象甲、扁黑象甲等，在香蕉产区普遍发生，一般为害株率5%~20%，严重时可达80%以上。

[形态特征]

成虫：头部前面有特化成类似象鼻的口器，体长13~15毫米，红褐色或红棕色，前胸背面有2条黑色纵带（图49）；还有另一色型为全身黑色，但数量较少。

图49 假茎象甲成虫

卵：长圆筒形，乳白色，后渐变成茶褐色，表面光滑。

幼虫：老熟幼虫体长 18~24 毫米，黄白色，头部红褐色，无足，体肥大略弯曲。

蛹：长 13~17 毫米，初为乳白色，后变黄褐色至红褐色。

［为害症状］

主要以幼虫为害香蕉，蛀食蕉株中上部假茎。成虫将卵散产在假茎表皮叶鞘组织的空隙中，产卵处表面有水渍状的褐色斑点和少量胶状物外溢，初孵幼虫先在外层叶鞘取食，渐向茎心横蛀，取食较嫩的组织，形成纵横交错的"隧道"，在假茎表面可见蛀孔（图 50）。幼虫老熟时在比较坚韧的外层叶鞘内咬食纤维，并吐胶状物将叶鞘缀成坚实的茧，然后居于茧内化蛹。

图 50　假茎象甲蛀食的虫孔

［发生特点］

成虫喜群栖在叶鞘顶部内侧或腐烂的叶鞘内，能快速飞翔，有畏光和假死性。

［防治方法］

防治方法可参照根茎象甲，不同的是药剂施用部位。防治假茎象甲时，药剂主要喷在假茎中上部或者用上面的有机磷药剂与泥粉拌成泥浆涂在假茎上的虫口处。

6. 花蓟马

花蓟马又称黄胸蓟马、夏威夷蓟马，寄主范围广泛，为害香蕉幼果，影响香蕉品质。

[形态特征]

成虫：体型细小，体色从橙黄色至浅褐色，雌成虫体长约为 1.2 毫米，雄成虫体形略小，翅缘有长而密的缨毛，能飞善跳（图 51）。

图 51 花蓟马成虫

卵：淡黄色，肾形，细小。

若虫：体形与成虫相似，但体型较小，低龄若虫颜色较淡，高龄若虫颜色较深，无翅，眼退化。若虫共分 4 个龄期：一龄若虫、二龄若虫、三龄若虫（预蛹）、四龄若虫（蛹）（图 52、图 53）。

图 52 花蓟马低龄若虫

图 53 花蓟马高龄若虫

[为害症状]

成虫和若虫锉吸植物的花及幼果为害,雌成虫喜好在嫩果表皮部位产卵,虫卵周围组织因受刺激,生长异常而膨大隆起,在果皮形成粗糙小黑点(图54)。

图54 花蓟马为害果实形成的黑点

[发生特点]

花蓟马一年发生多代,世代重叠严重,营隐蔽生活。抽蕾后即开始侵入蕾苞为害,苞片未张开时,已经侵入苞片内的幼果。每当花蕾苞片张开后,花蓟马即转移到未张开苞片的花蕾内继续为害。以成虫在枯枝落叶下越冬,一般在土中化蛹,有时也在花中。干旱有利于该虫大发生,多雨季节发生少。

[防治方法]

1)加强肥水管理,促使花蕾苞片迅速展开,并及时断蕾,以缩短为害期。

2）及时铲除蕉园杂草，以减少虫源。

3）药剂喷雾防治：在香蕉刚现蕾时喷药防治（表 11），每 3~4 天喷一次药，喷 3~4 次。

表 11　喷雾防治香蕉花蓟马的常用药剂

药剂名称	作用机制	作用方式	用量（示例）
乙基多杀菌素	作用于烟碱型乙酰胆碱受体和 γ- 氨基丁酸受体	触杀、胃毒	1500~2000 倍液（60 克 / 升悬浮剂）
螺虫乙酯	抑制乙酰辅酶 A 羧化酶的活性	内吸、双向传导	2000~3000 倍液（22.4% 悬浮剂）
吡虫啉	抑制烟碱型乙酰胆碱受体的活性	内吸、触杀、胃毒	4000~5000 倍液（70% 水分散粒剂）
啶虫脒	抑制烟碱型乙酰胆碱受体的活性	内吸、触杀、胃毒	5000~6000 倍液（70% 水分散粒剂）
噻虫嗪	抑制烟碱型乙酰胆碱受体的活性	内吸、触杀、胃毒	2000~3000 倍液（25% 水分散粒剂）
呋虫胺	抑制烟碱型乙酰胆碱受体的活性	内吸、触杀、胃毒	1500~2000 倍液（20% 可溶粒剂）
高效氯氟氰菊酯	抑制昆虫神经轴突部位的传导	触杀、胃毒	1000~1500 倍液（5% 微乳剂）
阿维菌素	加强氯离子的传导性	触杀、胃毒	1000~1500 倍液（1.8% 乳油）

（续表）

药剂名称	作用机制	作用方式	用量（示例）
氟啶虫胺腈	作用于烟碱型乙酰胆碱受体内独特的结合位点	内吸、触杀、胃毒	4000~5000 倍液（22% 悬浮剂）
虫螨腈	阻断线粒体的氧化磷酸化	触杀、胃毒	1500~2000 倍液（10% 悬浮剂）
毒死蜱	抑制乙酰胆碱酯酶的活性	触杀、胃毒、熏蒸	1000~1500 倍液（40% 乳油）

注：不同作用机制的杀虫剂轮换或混配使用，减缓产生抗药性。

　　4）花蕾注射法防治：在香蕉刚现蕾的时候，用专用注射器把防治花蓟马的药剂（表12）注射进蕾苞里，药剂通过内吸和渗透作用分布至整个蕾苞内部，不容易受到阳光和雨水的影响，注射用药持效时间长，用药量也很少。在香蕉刚现蕾的时候只需注射一次花蓟马药剂，就能有效防控整个生育期的花蓟马。香蕉采收时，对注射吡虫啉的香蕉进行农药残留检测，并未在果实组织中检测到吡虫啉。研究发现，在注射螺虫乙酯35天后检测果实发现残留量也是远远低于国家标准中规定的最大残留限量值。香蕉采收一般在抽蕾后2~3个月，因此，注射用药防治香蕉花蓟马完全符合香蕉的绿色种植标准。

表 12　花蕾注射的常用药剂

药剂名称	稀释倍数	注射标准	注射剂量
螺虫乙酯	1500 倍液（22.4% 悬浮剂）	以药液充满蕾苞，少量药液流出为准，根据花蕾大小，一般注射 9 秒左右即可	每株香蕉约 30~40 毫升
乙基多杀菌素	1000 倍液（60 克/升悬浮剂）		
吡虫啉	1500 倍液（350 克/升悬浮剂）		
虫螨腈	1000 倍液（10% 悬浮剂）		

　　注射位置在蕾苞顶端 1/3 处，距离蕾苞顶端约 10 厘米左右（图 55、图 56）。如果蕾苞已经弯下来，不建议使用此方法。

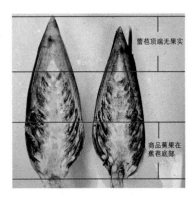

图 55　蕾苞解剖图

图 56　注射后的针孔

7. 冠网蝽

　　冠网蝽又称网蝽、花网蝽、军配虫，是香蕉簇矮病的媒介昆虫。

[形态特征]

成虫：体长约3毫米，体形扁平，灰褐色；头小，红褐色，大部被前胸背板遮盖；复眼大而凸出。前翅长椭圆形，长度远超过腹末，呈半透明状，具网纹，基部及近端部有黑褐色横斑。

卵：长椭圆形，长约0.5毫米，略弯曲，顶端有卵盖。

图57 冠网蝽成虫及若虫

若虫：共5龄，初孵时乳白色，以后体色渐深。5龄时，翅芽达第三腹节，翅面无网纹，基部和端部有黑褐色横斑（图57）。

[为害症状]

成虫和若虫在蕉叶背面吸食，使叶片正面呈黄白色花斑（图58），背面则呈密集的黑褐色小点（图59），严重时叶片发黄甚至枯萎。

图58 冠网蝽为害的蕉叶正面

图59 冠网蝽为害的蕉叶背面

[发生特点]

为害老叶较多，成虫、若虫常群寄在中、下部叶片背面为害，在夏季秋季发生较多，旱季为害较严重。

[防治方法]

1）加强蕉园管理，经常巡查蕉园，剪除下部的枯叶以及受害严重的叶片，集中处理。

2）化学防治：药剂选择参考香蕉花蓟马。

8. 交脉蚜

交脉蚜又称蕉蚜、黑蚜，我国各蕉区均有分布，是传播香蕉束顶病毒的主要媒介。

[形态特征]

成虫：分有翅蚜和无翅蚜两种。有翅蚜体长约 1.7 毫米，褐色至黑褐色，头两侧具明显的角瘤，腹管圆筒形，暗棕色（图 60）。

图 60　交脉蚜有翅成虫

若虫：体长 0.78~1.6 毫米，尾片基部稍圆，1 龄触角 4 节，2 龄为 5 节，3~4 龄各为 6 节。

［为害症状］

以成虫和若虫吸食植株汁液，造成一定的为害，更重要的是传播香蕉束顶病毒。

［发生特点］

发生初期，虫群较少，此时多集中在香蕉的下部为害，随着虫口数量的增加，群体逐步向上部扩大为害，一般在心叶茎部和嫩叶阴暗处集中为害。干旱年份发生量多，且有翅蚜比例高，多雨年份则相反。夏季高温时，蚜虫从植株上部转移到下部或周围杂草上，待气温适宜又转回香蕉幼嫩的上部为害。冬季低温，蚜虫多集中在叶柄、球茎、根部越冬。

主要靠自身飞翔或随气流传播，也能通过爬行或随吸芽、土壤等人为搬动而传播。

［防治方法］

1）种植不带病虫的组培苗。

2）清洁蕉园，清除蕉园杂草，减少蚜虫寄主。

3）经常巡查蕉园，发现香蕉束顶病病株，先喷药防治蚜虫，随后彻底挖除病株及其球茎并集中销毁或用草甘膦注射病株致枯死，约半个月后可进行补种新苗。

4）春季气温回升、香蕉苗期应及时喷药杀蚜虫，药剂选择参照香蕉花蓟马。

9.红蜘蛛

红蜘蛛又称朱砂叶螨、皮氏叶螨，寄主植物广泛，多达110种，近年来对香蕉的为害也较为严重，部分蕉园被害株率高达100%。

[形态特征]

成螨：雌螨体长约 0.47 毫米，体呈椭圆形，红褐色，足及颚体为白色，体两侧各有一个黑斑，雄螨体长约 0.3 毫米（图 61）。

幼螨：具足 3 对，体乳白色或淡黄色，两侧具黑色带纹。

若螨：具足 4 对，体呈淡黄色或淡红色，体两侧黑斑呈深黑色，形似成螨。

卵：圆形，单粒产于叶背面，并以分泌液将卵固定。初产时乳白色，后变为淡黄色至深黄色，孵化前呈淡褐色。

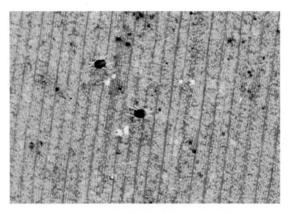

图 61　成螨

[为害症状]

香蕉红蜘蛛栖息于叶片背面，以幼螨、若螨和成螨吸食叶片的汁液而造成为害，香蕉初受害时叶背被害部位褪绿变褐，多沿叶脉发生（图 62），而叶面基本不表现症状，为害严重时，整个叶背全部变黑褐色，叶面变黄，最终整个叶片干枯，大发生时可将整个植株封住，俗称"封顶"，严重影响香蕉生长。

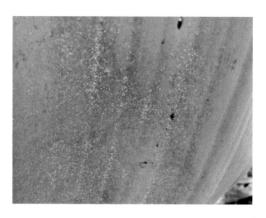

图62 红蜘蛛为害症状

［发生特点］

主要为害香蕉的中下部叶片，春夏之交和夏秋之交，红蜘蛛繁殖很快。干旱少雨，且温度适宜，利于红蜘蛛暴发。4—10月因高温且常有暴雨，红蜘蛛为害较轻。香蕉红蜘蛛以成螨、部分若螨群集潜伏在向阳处的枯叶内、杂草根际及土块裂缝内越冬。

［防治方法］

1）加强蕉园管理：清除蕉园四周杂草，及时清除香蕉枯叶、老叶；适时、适量灌水，避免蕉地过于干旱。

2）保护和利用天敌：红蜘蛛的天敌很多，在红蜘蛛发生较轻时，可不用药剂，利用蕉园里的天敌来进行控制即可，施药时也应选择对靶标害螨具有良好防效而对天敌低毒或无毒的药剂，以保护天敌。

3）化学防治：红蜘蛛的盛发期，是防治的关键时期，重点喷中下部叶片的背面。当红蜘蛛数量较多时，建议将不同作用机制的杀螨剂混配使用（表13）。

表13　防治香蕉红蜘蛛的药剂

药剂名称	主要作用对象	特点	用量（示例）
哒螨灵	成、若（幼）螨、卵	速效性好	1000~1500 倍液（15% 乳油）
乙唑螨腈	成、若（幼）螨、卵	全新杀螨剂	3000~4000 倍液（30% 悬浮剂）
三唑锡	成、若（幼）螨、夏卵	22℃以上效果好，32℃以上易有药害	1500~2000 倍液（20% 悬浮剂）
唑螨酯	成、若（幼）螨	可兼顾杀虫	1000~1500 倍液（5% 悬浮剂）
甲氰菊酯	成、若（幼）螨	可兼顾杀虫	1500~2000 倍液（15% 乳油）
阿维菌素	成、若（幼）螨	可兼顾杀虫	1000~1500 倍液（1.8% 乳油）
联苯肼酯	成螨、卵	持效期长	3000~4000 倍液（43% 悬浮剂）
噻螨酮	卵、若（幼）螨	渗透性好，可与碱性农药混用。	1000~1500 倍液（20% 乳油）
螺螨酯	卵、若（幼）螨	20℃以上效果较好	3000~4000 倍液（240 克/升悬浮剂）
乙螨唑	卵、若（幼）螨	使雌成螨绝育，耐雨性强	3000~4000 倍液（110 克/升悬浮剂）
四螨嗪	冬卵、若（幼）螨	15℃左右效果最好，清园使用	3000~4000 倍液（40% 悬浮剂）

第三章

香蕉常见的两种生理性病害

1. 酸害

随着香蕉产业的发展，土壤酸性过强所带来的一系列问题已经成为影响香蕉产业发展的主要土壤障碍因素，尤以广西香蕉产区最为典型。

[酸性过强的原因]

1）自然因素：广西广泛分布的红壤、黄壤是典型的酸性土壤，调查结果表明，广西香蕉主产区内有 86.7% 的蕉园土壤 pH 值小于 5.5。

2）人为因素：也是加剧土壤酸性的主要因素，主要是由于过量施肥，盲目追求高产，偏施化肥特别是酸性或生理酸性肥料，如硫酸铵、氯化铵等。

[酸性过强的为害]

1）影响根系生长：土壤过酸会使土壤中铝离子浓度升高，对作物造成铝毒为害，主要表现为根毛伸长受阻、根毛数量减少，根短粗，变褐，根冠与表皮脱落，以致坏死。地上部分表现为蕉叶由叶缘向中心不断黄化，叶片衰老加速，植株矮小，与根结线虫的为害状况十分相似（图 63）。

2）影响养分吸收：土壤过酸，会使土壤中交换性钙镁含量低、吸附性差，导致香蕉在水肥供给不足的情况下，难以从

图 63　香蕉酸害症状

土壤中获取足够的钙、镁。

3）影响土壤耕性：土壤胶体会因吸收了过多氢离子而难以形成良好的团粒结构，从而降低了土壤的透水性和通气性，使土壤的耕性整体变差，最终导致作物减产。

［蕉园酸性土壤综合改良方案］

1）新开蕉园：

①起垄前，全园撒施 2250 千克 / 公顷的钙镁磷肥或是 1500~2250 千克 / 公顷的生石灰，翻耕混匀，进行调酸消毒。

②定植前，施用 10 千克 / 株有机肥做基肥，翻耕混匀，改良垄底土壤性质。

2）生长期蕉园：

①增大灌溉施肥频率，少量多次施肥。

②增钙补镁，平衡氮钾。

③埋过冬肥时，将 5 千克 / 株有机肥与干肥一起混匀，施于蕉园。

④适量施用海藻素类及氨基酸类肥料，促进根系生长。

注意要点：出现酸害要先调土再促根，如果强制用激素促根短期会有效果，时间长了黄化更严重；有机肥一定要用完全腐熟的有机肥或是生物有机肥；近几年市场上的调酸类产品很多，可以根据蕉园土壤情况来进行选择。

2. 缺钙

钙是香蕉生长发育过程中的第三大营养元素，缺钙在香蕉的栽培过程中是一个较为普遍的问题。

[可能引起缺钙的原因]

1）缺水或者低温环境导致香蕉根系对钙的吸收中断会引起缺钙。

2）香蕉或果实的蒸腾速率过低会造成钙的吸收率下降，从而引起缺钙。

3）叶片生长速度过快，钙吸收速率低于叶片抽生速度，会导致缺钙。

4）高含量的钾、镁、铵离子会降低土壤中钙离子的有效性，酸性土壤较易缺钙。

[缺钙症状]

1）叶片失绿残缺：缺钙症状首先出现在幼嫩新叶上，轻微缺钙时，叶片呈现出波浪形褶皱；严重时，叶片出现缺刻或"针叶"（图64）。

2）裂果问题突出：缺钙时，香蕉果指长度显著下降且出现异常弯曲；在成熟过程中容易出现果皮开裂。

[香蕉补钙要点]

1）单株香蕉一生吸收积累纯钙约42.9克，花芽分化—幼

图64 缺钙叶片症状

果期是吸收积累钙的关键时期，吸收量占总吸收量的84.2%，应当作为钙肥施用的重点时期，特别是幼果期所吸收的钙占到整个生育期的47.5%。

2）适用于基肥的钙肥：一般为钙镁磷肥，在补钙的同时，还能调节土壤酸性。

3）适用于滴灌香蕉施肥管理的钙肥：硝酸钙、硝酸铵钙和氯化钙，含钙量分别为19%、26%、26%。

4）硫酸根离子与钙离子同时溶于溶肥池中时会形成硫酸钙沉淀，因此，钙肥与硫酸盐肥料不能同时加入到同一施肥罐或者溶肥池中。

附　录

香蕉全生育期病虫害综合防治

　　香蕉病虫害发生与香蕉生育期密切相关，食料是病虫害发生的前提，天气条件影响病虫害发生的严重程度。

　　根据病虫害的发生规律，总结香蕉各生育期病虫害发生特点（附图），并根据各个生育期的病虫害情况综合制定植保方案（附表）。香蕉病虫害的防治应贯彻"预防为主，综合防治"的植保方针，以种植健康组培苗为核心，加强内外检疫，提高栽培管理技术，适时化学防治。

附表　香蕉各生育期病虫害防治综合防治

生长时期	重点病虫害	注意事项
苗期	病害：花叶心腐病、束顶病、细菌性软腐病 虫害：蚜虫、斜纹夜蛾	喷施杀虫剂，发现变异株，应及时挖除，并对病株周围土壤进行消毒处理
营养生长期	病害：叶斑病、黑星病、细菌性软腐病、根结线虫 虫害：斜纹夜蛾、象甲、冠网蝽、红蜘蛛、弄蝶	每25天左右喷施杀菌剂一次，以保护性杀菌剂为主，虫害根据发生情况可调整施药次数

（续表）

生长时期	重点病虫害	注意事项
花芽分化—孕蕾期	病害：叶斑病、黑星病、黑杆病、根结线虫 虫害：红蜘蛛、冠网蝽、跳甲、象甲	病害高发期，每15~20天喷施杀菌剂一次，以内吸性杀菌剂为主，混配保护性杀菌剂，不同作用机制的药剂交替使用，应加强蕉园卫生，割除低位病枯叶片，以降低病虫基数
抽蕾—幼果期	病害：叶斑病、黑星病、黄叶病、黑杆病 虫害：花蓟马、跳甲、象甲	用药应对果安全，重点防治花蓟马及跳甲。发现黄叶病株及时处理，防止病源扩散
果实膨大期	病害：叶斑病、黑星病 虫害：红蜘蛛	及时套袋，以保叶为主
采后贮运期	病害：炭疽病、冠腐病	采收时应尽量减少人为的机械损伤

　　香蕉在生长过程中总是面临着多种病虫害同时为害的现象，为了扩大防治范围、减少喷药次数、提高防效、延缓抗药性，并有利于农药减量增效目标的达成，药剂混配是香蕉病虫害化学防治中常见的一种现象。

　　药剂使用前一定要认真阅读农药标签，药剂混配要遵照一定的原则，如果药剂混配不合理往往会适得其反。

[药剂混配原则]

1）农药混配顺序要合理：先配制难溶的或容易与其它成分产生不良反应的药剂，再配制容易溶化或性质稳定的药剂。叶面肥、可湿性粉剂、水分散粒剂、悬浮剂、微乳剂、水剂、乳油依次加入。

配药流程：先在喷药桶中加入大半桶水，先把第一种农药用一个小容器进行稀释后，再倒入喷药桶中搅拌均匀，然后再将第二种农药稀释后再倒入喷药桶中搅拌均匀，以此类推，最后把喷药桶中加够水量，并再次搅拌均匀，形成均匀的混合液。

2）混配后不影响药剂的生化稳定性：大多数的杀虫剂和杀菌剂在碱性条件下会发生生化反应，进而降低药效或出现药害，因此与碱性农药混用要提前进行试验。

3）混配后不影响药液的物理性状：充分搅拌混匀后不分层、不浑浊，说明兼容完好，可以混合使用。如果混合后产生分层、絮结、沉淀、乳剂破坏、悬浮率降低甚至有结晶析出则不能混用。

4）混配后能够增加对靶标的毒力、扩大防治谱或延缓其抗药性：一般是不同作用机制的药剂混用，如有机磷杀虫剂和拟除虫菊酯类杀虫剂混用，内吸性杀菌剂与保护性杀菌剂混用。

阿维菌素和毒死蜱的混配比例在 2 ∶ 8 或 8 ∶ 2 时，增效作用最高。但也有不同作用机制出现拮抗作用的，如阿维菌素和吡虫啉混配后防治效果下降，不建议混用。

[药剂混用注意事项]

1）最好现配现用。

2）一般情况下最多3种药或肥混配，种类越多，其相互关系越复杂，混配时也越容易出现问题。

3）最好选用比较成熟的配方或制剂。

4）可先用少量药剂配制成药液，观察其物理性状是否稳定。或先进行小面积应用试验，观察其药效、药害等。

[香蕉上常用的混配药剂]

1）防治叶斑病、黑星病：吡唑醚菌酯与苯醚甲环唑或丙环唑；醚菌酯与腈菌唑；嘧菌酯与苯醚甲环唑或丙环唑。

2）防治根结线虫：阿维菌素与噻唑膦；阿维菌素与氟吡菌酰胺。

3）杀虫杀螨剂：啶虫脒与哒螨灵；敌敌畏与杀虫双。阿维菌素与甲氰菊酯或毒死蜱或哒螨灵。

[香蕉上混配药剂的禁忌]

1）代森锰锌、甲基硫菌灵、苯醚甲环唑等不宜与铜制剂混用。

2）嘧菌酯渗透性较强，不能与乳油药剂或有机硅增效剂混用。

	苗期	营养生长期	花芽分化—孕蕾期	抽蕾—幼果期	果实膨大期
重点病虫害	病害：花叶心腐病、束顶病、细菌性软腐病 虫害：蚜虫、斜纹夜蛾	病害：叶斑病、黑星病、根结线虫 虫害：斜纹夜蛾、象甲、冠网蝽、红蜘蛛、弄蝶	病害：叶斑病、黑星病、黑杆病、根结线虫 虫害：红蜘蛛、冠网蝽、跳甲、象甲	病害：叶斑病、黑星病、黄叶病、黑杆病 虫害：花蓟马、跳甲、象甲	病害：叶斑病、黑星病 虫害：红蜘蛛
注意事项	喷施杀虫剂，发现变异株应及时挖除，并对病株周围土壤进行消毒处理。	每25天左右喷施杀菌剂一次，以保护性杀菌剂为主，虫害根据发生情况可调整施药次数。	病害高发期，每15~20天喷施杀菌剂一次，以内吸性杀菌剂为主，混配保护性杀菌剂，不同作用机制的药剂交替使用，应加强蕉园卫生，割除低位病枯叶片，以降低病虫基数。	用药应对果实安全，重点防治花蓟马及跳甲，发现黄叶病株及时处理，防止病源扩散。	及时套袋，以保叶为主。

参考文献

付岗 . 2015. 香蕉病虫害防治原色图鉴 [M]. 南宁 : 广西科学技术出版社 .

付岗 , 杜婵娟 , 潘连富 , 等 . 2014. 广西香蕉病虫害种类调查初报 [J]. 西南农业学报 , 27（4）:1527-1531.

广西金穗农业集团有限公司 . 2015. 广西滴灌香蕉营养与施肥 [M]. 北京 : 中国农业出版社 .

李宝深 . 2015. 滴灌蕉园养分综合管理技术研究与应用 [D]. 北京 : 中国农业大学 .

李强 , 付步礼 , 曾东强 , 等 . 2019. 香蕉花蕾注射螺虫乙酯和吡虫啉对黄胞蓟马的防效及药剂在果实中的残留 [J]. 农药学学报 , 21（1）: 75-81.

刘永 , 齐会会 , 张洪 . 2019. 花蕾注药法防治香蕉花蓟马应用技术研究 [J]. 中国南方果树 , 48（2）: 67-70.

魏守兴 , 谢子四 , 李志阳 , 等 . 2012. 广西主要蕉园土壤肥力调查及评价 [J]. 热带作物学报 , 33（8）: 1371-1377.

王国芬 , 黄俊生 , 谢艺贤 , 等 . 2006. 香蕉叶斑病的研究进展 [J]. 果树学报 , 23（1）: 96-101.

王璧生 , 黄华 . 1999. 香蕉病虫害看图防治 [M]. 北京 : 中国农业出版社 .

徐汉虹 . 2014. 植物化学保护学 [M]. 北京 : 中国农业出版社 .

张开明 . 1999. 香蕉病虫害防治 [M]. 北京 : 中国农业出版社 .

Ricas G G, Zapater M F, Abadie C, *et al.* 2004. Founder effects and stochastic dispersal at the continental scale of the fungal pathogen of bananas *Mycosphaerella fijiensis* [J]. Molecular Ecology, 13: 471-482.